あっちこっち
ネッチ!
Here, There and Dear
COMIC BY PANDANIA
ぱんだにあ

プロローグ

約75センチありました
私の身長が１５０センチちょっとなので
数字上は私の半分くらいですが
みっしり
体感としては3分の2くらいあります
そしてこの大きめの猫はなんか「いいやつ」です
壁や床を引っかいたりいたずらをしたりしません

ブラッシング中
苦手な場所に触られても
怒ったり引っかいたりせず
足を私の手に添えて
黙って押してきます
ぐっ

目やにを取ろうとしても
手を引っかくことはなく
ぐ
黙って押し返してきます
ぐ
ぐ
そんなネッチとの暮らしの話です
怪力紳士だ…

もくじ

プロローグ 002
ちょっといいですか？ 008
オカジマ 009
目標は大きく 011
ネッチ神 012
お掃除 013
おトイレ事情 014
最高のおもちゃ 016
年相応の褒め方 018
コンビニより多い 020
もっと言いたい 022
妖怪 023
いいやつ 024
犠牲の上のあるある 026
しっかり踏み込む 029
お名前は？ 030
お気に入りでいっぱい 032
好きだもんね？ 033
ふーん、そうですか 035
今日もよく働いたな… 037
私の知らないあなた 038
病院 040
爪切り 043
耳ビンタ 045
パブロフの猫 046
擬態の名猫 047
ちょっと寄り道 048
ありがと 049
見下ろし 050
そこは違う 053
飼い主に似る？ 054
おわかりいただけただろうか… 055
もっふもふ 056
悪気はないんです 057

スンッ… 059

ネッチが こちらを みている 060

ここにもネッチ 064

黒も白に、白も黒に 065

持ってきたのですが？ 066

ここにいますよ 068

出待ち 070

美味しいよね 071

あったかい… 072

やあ 073

優しい親分 075

忍者？ 077

ニャーン!!! 078

芸術 081

逆刃刀でござる 082

もうちょっとだけ 085

やっぱこれだね 086

チリン…チリン… 088

これが好きなんか 092

修正案件 095

幸せそうだな… 096

写真見せてください 097

相性抜群だね☆ 099

結局… 100

健康第一 102

ネッチぃ～!! 106

段ボール猫 108

能力者かな…？ 110

ちょっと暑いからね 111

ほら、仕事だぞ 116

ヒャンッ! 120

ごゆっくりしてください 121

どうですかねぇ？ 122

どうしても…？ 123

知らない子 124

どこにもいかないで 126

ネッチとの出会い① 128

ネッチとの出会い② 134

ネッチとの出会い③ 138

あとがき 143

ちょっといいですか？

オカジマ

どっちも
ネッチの中で私は
「あおああ」な
気がする…
でも「あおああ」
ってなんだ?
パパ・ママって
親を呼んでる
感じでもないし
なんというか…
あおああ
オカジマ
（本名）
これが一番
しっくりくるけど
猫が名字知ってる
わけはないよな―…
と思いつつ
いやー
ネッチは
頭がいいから
わからんぞ～?
と思ったりも
するのです

目標は大きく

朝起きると
ド
ドーーンッ
あれ？家の猫こんな大きかったっけ？と思い
私のマクラ
もっともっとでかくなれよ〜と思う
大きくなれよ〜

ネッチ神

※20年以上生きた猫がなると言われる妖怪

お掃除

掃除の時などはケージに入ってもらいます
基本的に大人しく入ってくれますが
たまに不満を体で表現します
←わざとはいらない
デンッ
ごめんごめん
掃除中——
フィーン
終わったぞーネッチー
すごい目で見てくる…

おトイレ事情

ネッチのトイレは
最初は普通サイズ
だったのですが
縁に手をついて
用を足していたので
ムムムム…
ムムムム…
→トイレのイメージ音
猫トイレの縁に
手をつくのは
狭いかもしれない
のか…
トイレを買い直しました
ドッ
大きい猫むけサイズ

どうだネッチ
大きいトイレだよー!
ザッ ザッ
ザッ ザッ
ザッ ザッ
ザッ ザッ ザッ
ムムムム…
ムムムム…
どうも癖みたいです

最高のおもちゃ

ごめんね
捨てとくね
……
相当気に入った顔をしておられる…
なぜこんなものを…
でもさすがにこれで遊ばせるのはよくない…
新しいテッシュを丸めて水で湿らせ
乾かす
こうして最高のおもちゃが誕生した
ドドドド

年相応の褒め方

ネッチが家に来た
ばかりのころ
ザッ ザッ
ザッ ザッ
わートイレ
できて偉いねー
天才ちゃんねー
アー
という感じで
褒めていたのですが
ある日ふと
…よく考えると
ネッチは推定5歳
人でいえば30後半…
大人ですよ…
よしよし
あまり子ども
っぽい褒め方も
ぴんとこない
かもな…
と思い

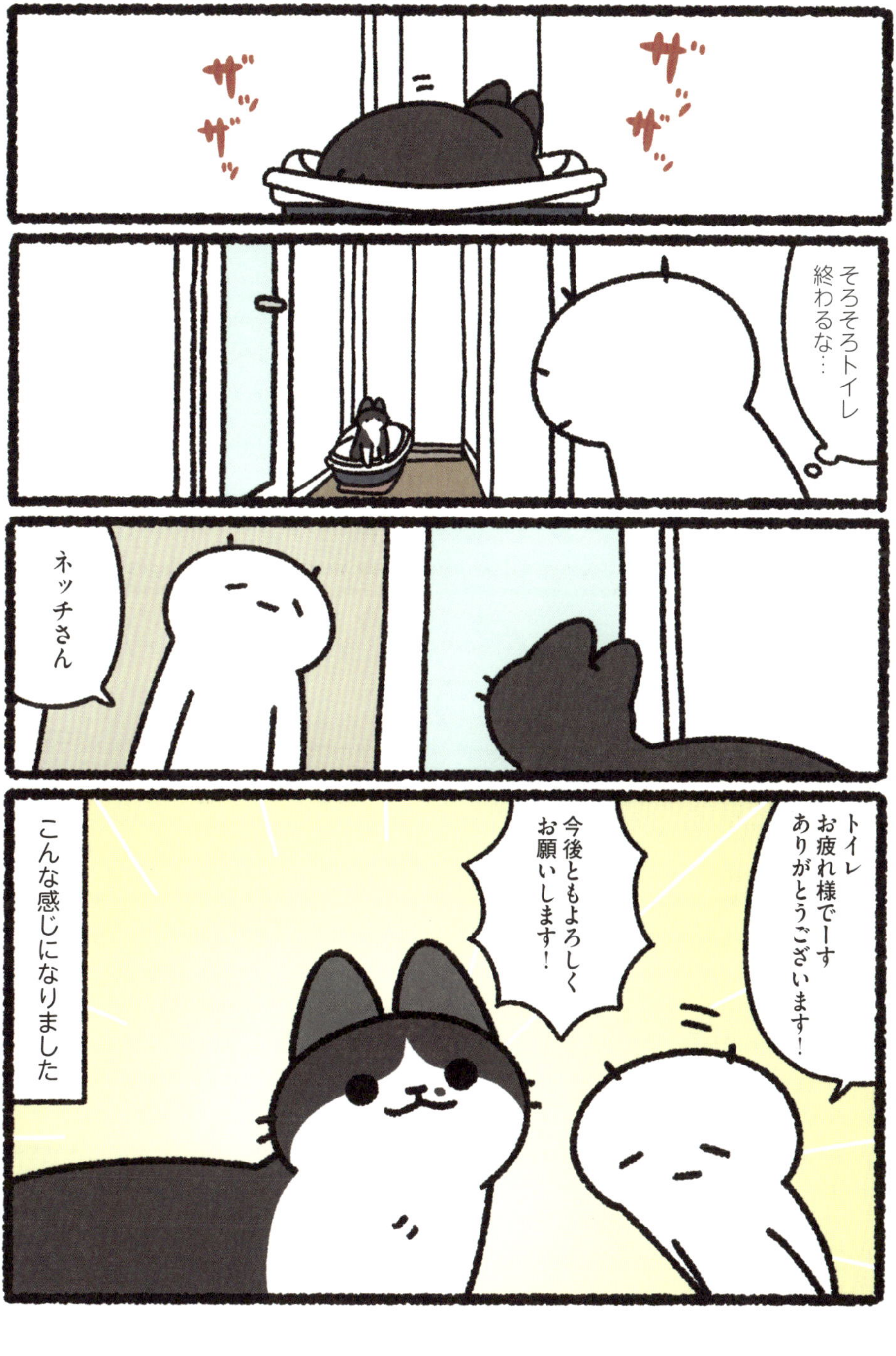
ザッザッ
ザッザッ
そろそろトイレ終わるな…
ネッチさん
トイレお疲れ様でーすありがとうございます！
今後ともよろしくお願いします！
こんな感じになりました

コンビニより多い

家に来たばかりの時
鼻の下にほくろっぽい模様があってなんだかひょうきんな顔だな
現在
かわいい！最高！
かわいいの天才！世界一かっこいい猫いますねー
いかした模様してるねえ
なんでそんな顔がいいかなあ！

ネッチの顔は変わってないはずなので
ネッチは世界一
私の脳があきらかに変化しています
口元の色もかわいい
ひげが生えてるとこのぽつぽつがかわいい
顎下の毛かわいい
鼻の色がかわいい
たくましい背中かわいい
後頭部かわいい
耳の裏かわいい
かわいい部分にタグをつけたらこうなるなあ
ネッチかわいいマップ
あるあるですよね

もっと言いたい

これ重いから玄関入れちゃいますね
ありがとうございます
あっ かわいいハチワレちゃんですねー
ありがとうございます〜
エヘヘ…
完全室内飼いなので滅多に人にネッチを見せる機会がなくとても嬉しい

妖怪

ネッチは白黒の猫ですが
毛の間から地肌がみえるところがある
黒い部分の地肌も白いらしく
おしりの穴が目立ちます
星で表現しています
気になるけど
あんまり見るのも悪いなあ…と思いつつ
今日も妖怪尻のぞき化す

いいやっ

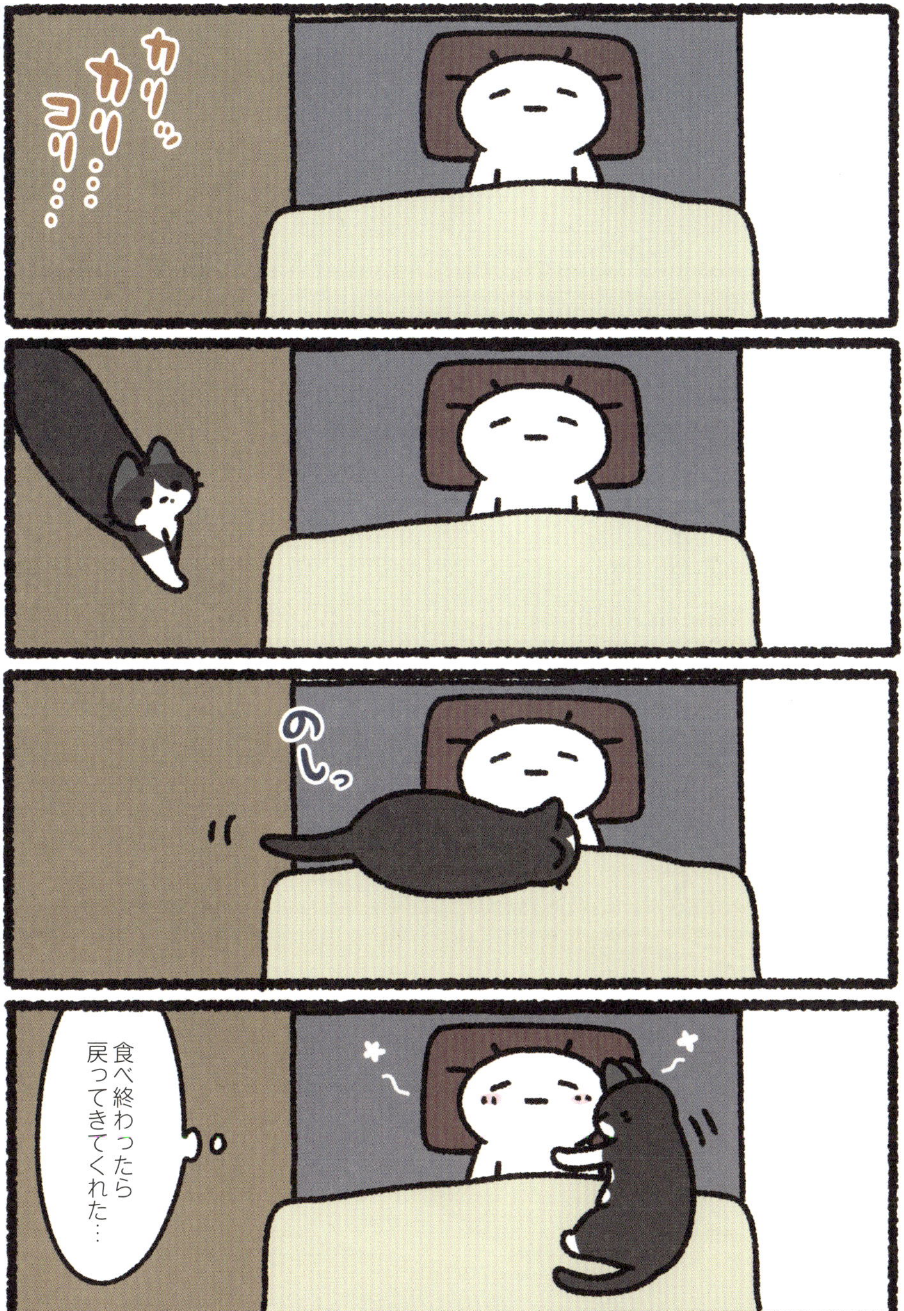
カリッ
カリ…
コリ…
のしっ
食べ終わったら
戻ってきてくれた…

犠牲の上のあるある

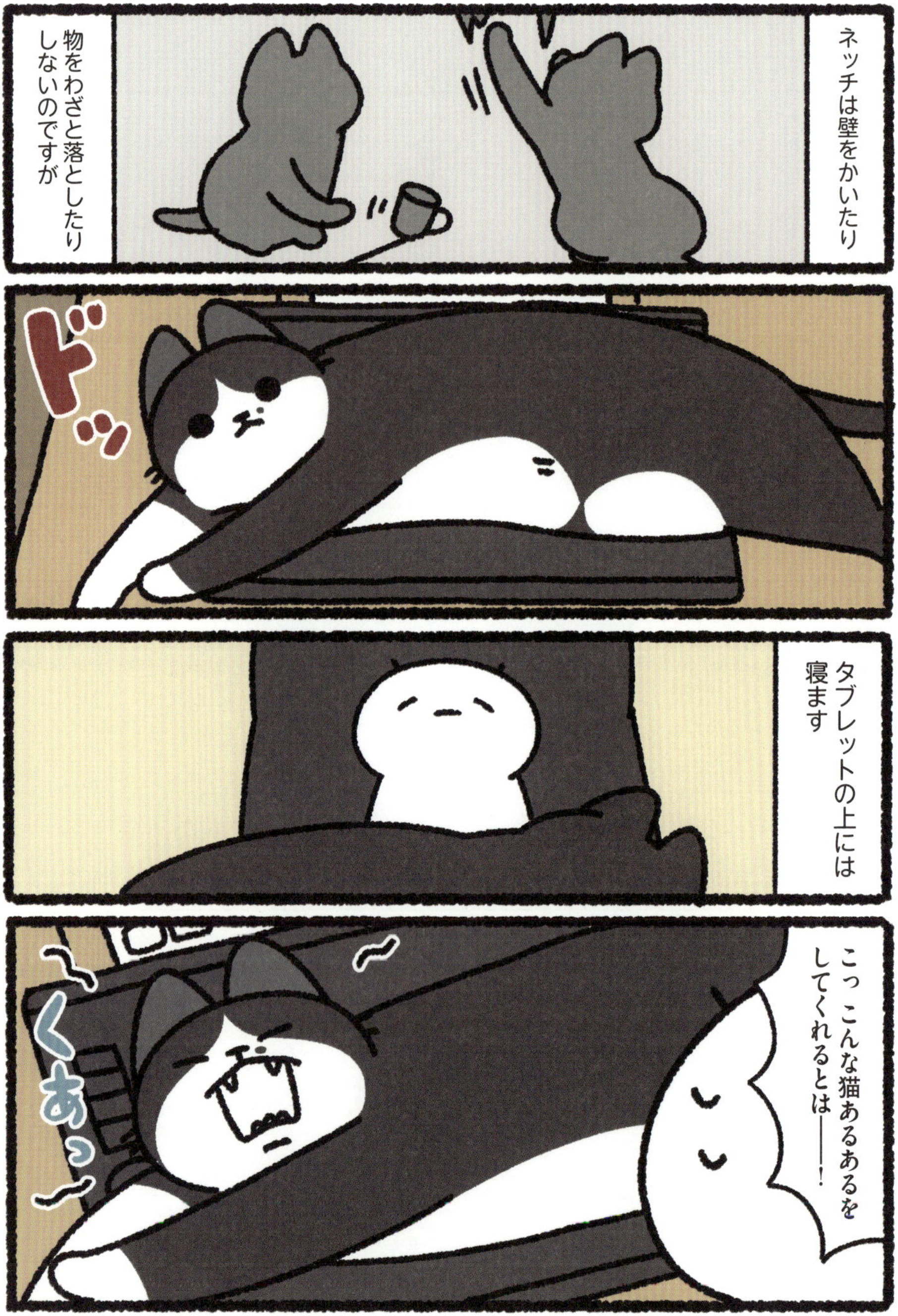
ネッチは壁をかいたり
物をわざと落としたりしないのですが
ドッ
タブレットの上には寝ます
こっ こんな猫あるあるをしてくれるとは――!
くあっ

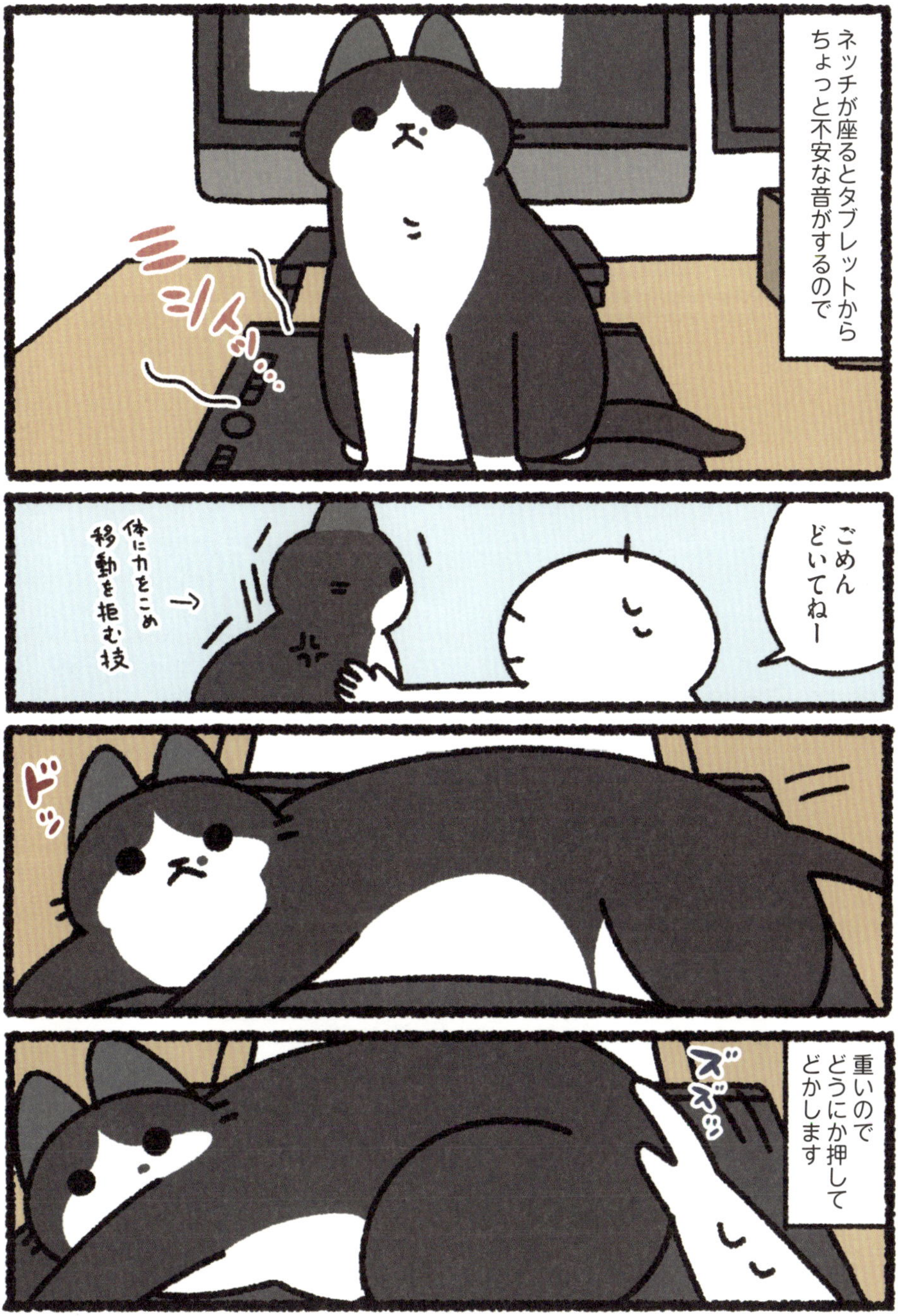

ネッチが座るとタブレットから
ちょっと不安な音がするので
ミシィッ…
ごめん
どいてねー
体に力をこめ
移動を拒む技
ドッ
重いので
どうにか押して
どかします
ズズ…

どかしても戻ってきて
のしっ
うっ　うわあああああああ!!
ペンタブどうにか耐えてほしいです…

しっかり踏み込む

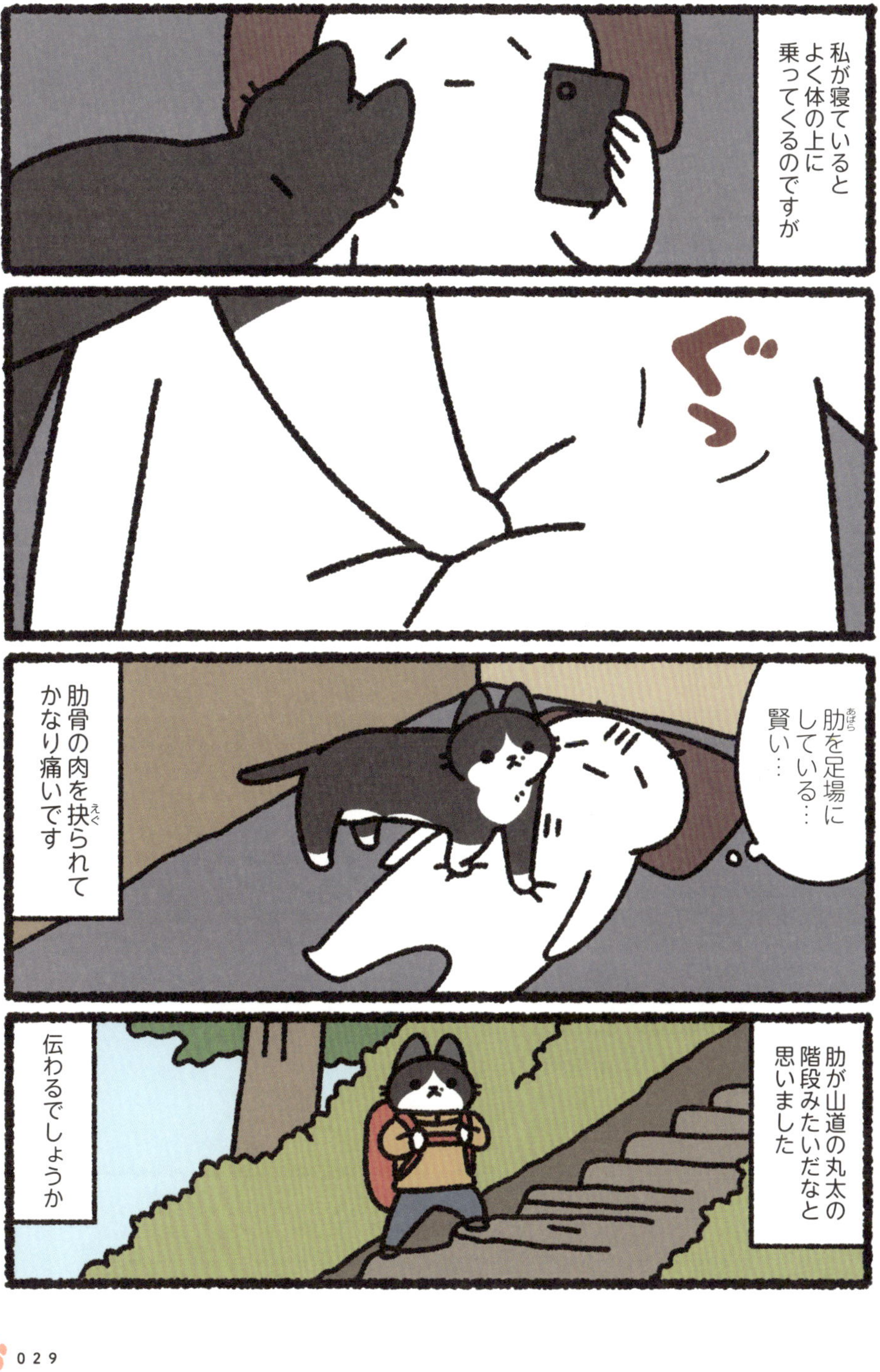
私が寝ていると
よく体の上に
乗ってくるのですが
ぐっ
肋《あばら》を足場に
している…
賢い…
肋骨の肉を抉《えぐ》られて
かなり痛いです
肋が山道の丸太の
階段みたいだなと
思いました
伝わるでしょうか

お名前は？

たまに
ネッチってどういう意味ですか？
と聞かれます
ネッチを保護した翌日に動物病院につれていったのですが
お名前は決まってますか？
保護したばかりで決まってないです
というと
名前
ねこちゃん
種別
猫
名前欄が「ねこちゃん」になりました

そこから
ねこちゃん
ねこち
ネッチ
になりました
その後
ネッチぼん～
(ネッチはおぼっちゃんという意味)
きゅるっ
でかネッチ
(大きいから)
と派生し
デンッ
さらに
イケネコくん
(いかした猫の意味)
キリッ
ご飯まだぞうくん
(ご飯をねだるから)
ナッナッナッ
変なあだ名が増え
最近の一番
わけのわからない名前は
「ネッチぱんまん」です
意味はないです

お気に入りでいっぱい

丸めたテッシュにはまっていたネッチですが
ちょっと飽きてきたか…
しかし私は知っている
ネッチは同じ種類のおもちゃでも新品を与えると再び遊びだす
丸めたテッシュを新たに作ればこのとおり!
ドドドド
その結果
部屋がくずかごみたいになった…

好きだもんね？

ザッザッ
ザッザッ
おーネッチさんトイレおつかれさまでーす
トイレを片付けるたびに思うことがあります
猫が排泄物を砂で隠すのは野生の名残で
痕跡を敵に知られないためとかネットで読んだ気がするけど…
それを掘り返す人間のことはどう思っているんだろう…

私だったら
隠したいものを
掘り返されたら
嫌だけれど
やめろー！！
ヒヒヒ
トイレのあと
ほりかえして
やるぞー
トイレ報告をして
くれるから
ネッチは嫌では
ないんだろうなあ
ナー
もしかしたら
トイレ掘り返すのが
大好きなやつだと
思っている
かもしれない
おい
お前がすきなやつ
うめといたぞ！
ネッチが話せたら
聞いてみたい
ことの上位です…

ふーん、そうですか

仕事終わりの早朝
ニャー
ニャー
うう…ごめん
ネッチ…
今はどうしても
起きられないし
遊べない…
アー
ナー
ワー
ニャーァ
アー
アー

こんな時ネッチは
自らケージに入り
とても大きな音を立てて 3段目に登って寝ます
ドーン
バンッ
ガシャン
一眠りした後見に行くと
さっきごめんねー
すごい目で見てきます
ごめん…

今日もよく働いたな…

目を覚ますとたまに
ネッチが棚の上から
ジッとこっちを見ている
ことがあります
私を起こすでもなく ただ
神のような顔で
見下ろしており
謎です

私の知らないあなた

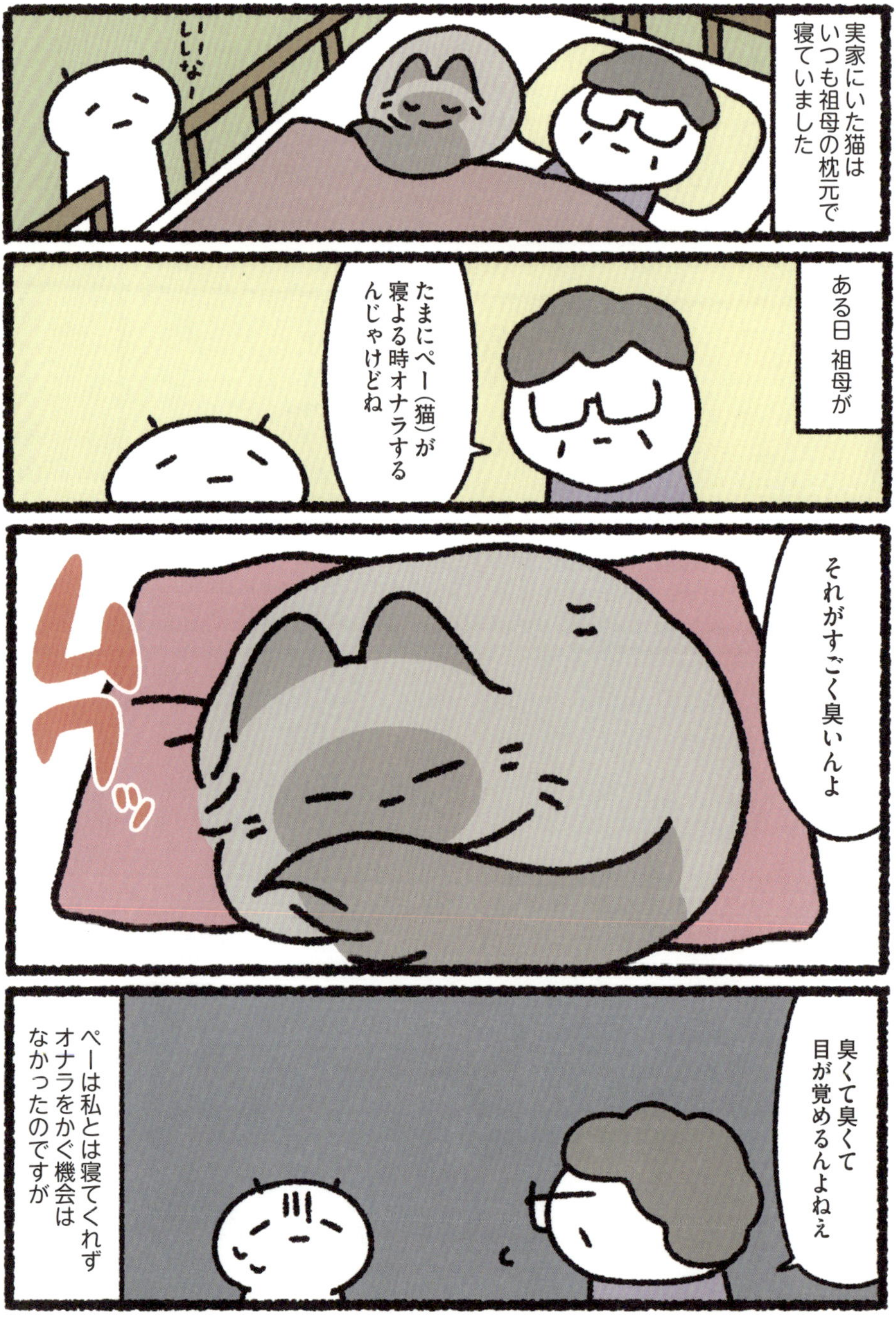

実家にいた猫は いつも祖母の枕元で 寝ていました
いいなー
ある日 祖母が
たまにペー(猫)が 寝よる時オナラする んじゃけどね
それがすごく臭いんよ
ムワッ
臭くて臭くて 目が覚めるんよねえ
ペーは私とは寝てくれず オナラをかぐ機会は なかったのですが

ネッチは一緒に寝てくれるので
おっ ネッチ ここで 寝るの?
嬉しいのですが
ブッ
いつかネッチもオナラをするのだろうか…とドキドキしています
今のところ におったことはありません
くさくて目がさめる…

病院

年に1回
健診とワクチンで
病院に行きます
ネッチが重くて
ペットカートを
買いました
ネッチは病院では大人しく
ワクチンまでは
淡々としたものですが
チクッ
無っ。。。
採血しますね

採血は注射の時間が長いので苦手なようです
普段見ない力み方をしている…
ギリギリ
がんばれネッチ…
ふと気づくと

助けてくれって顔をしている！
……
がんばれネッチ！
と念を送ることしかできず
なぜ助けない？という顔をされ
帰ってからちょっと距離がありました
ス〜〜ッ

爪切り

ネッチは寝ている時は
爪を切らせてくれます
しかし気づくと
いつの間にか
起きていて
じっと爪切りを見ています

そしてスーっと
ないっ
脚をひっこめます
一回に3本くらいずつの爪切りです
じっと見てる間は寝ぼけているんだろうな

耳ビンタ

そろり
そろり…
ネッチ なにしてんの～
スーッ
ネッチの後頭部のにおいをかぐと
ビビッ
耳で叩かれます
ベオォ
でもやっぱり たまにかいで しまうのです
スーッ
ビビッ

パブロフの猫

擬態の名猫

ネッチの後頭部が
柔らかいウニのようで
寝ているとウナギの
ようだったり
ナスビのようだったりして
座っていると
枕みたいです
全部
かわいい…

ちょっと寄り道

ネッチに呼ばれて ついていくと
マゥッ
はいはい なに～？
一度壁の方へ行った後 折り返して
ドテッ
部屋の中央の マットまで誘導され
壁側に行く 必要あった？
ブラッシングが始まります

ありがと

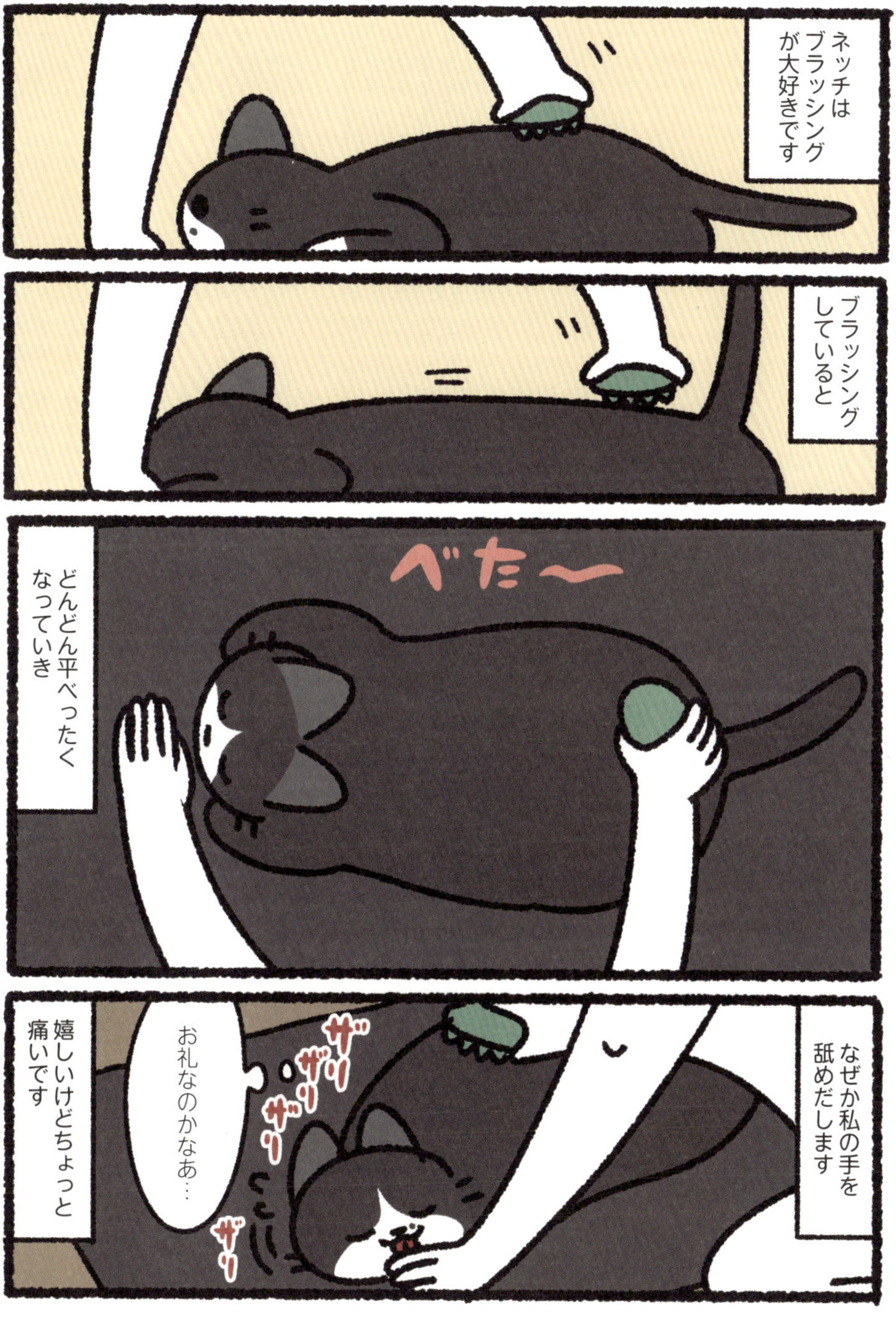
ネッチはブラッシングが大好きです
ブラッシングしていると
べた〜
どんどん平べったくなっていき
なぜか私の手を舐めだします
ザリ
ザリ
ザリ
ザリ
お礼なのかなあ…
嬉しいけどちょっと痛いです

見下ろし

家のケージは
3段になっています
トビラは各階にある
ネッチはケージの一番上の段で寝るので
眩しいかと思い 布をかけていたのですが
なんか静かだな…
ネッチ?
うわ―――!

ケージの上に乗ってる…どうやって…
ケージの扉が開いていたので
布をつかんで登ったと思われます
危ないから降りようねえ…
拒否

ぐいっ
拒否したうえで手を足でそっとどかして
なんだその顔は…
ドヤ顔
かなり苦戦するもなんとか降ろして
今後は扉を開けたままにしないようにしたのですが
ケージの下でまたあの遊びしようって雰囲気を出してきます
ワクワク

そこは違う

ネッチは基本
引っかきません
もう撫でなくていい
という時は
そっと手で押してきます
ぐいっ
抱き上げられたく
ない時は足で
押してきます
ぐっ

飼い主に似る？

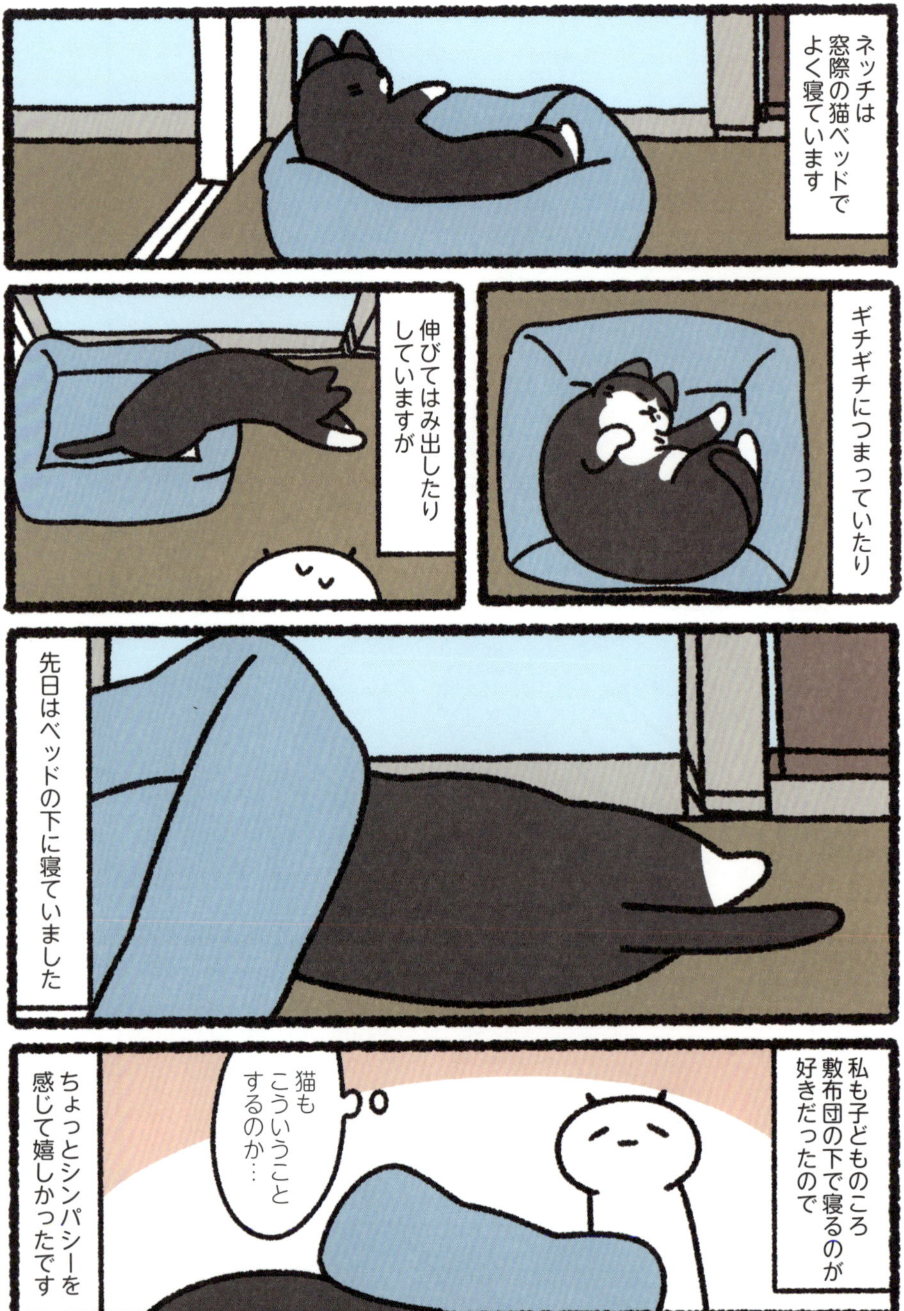
ネッチは
窓際の猫ベッドで
よく寝ています
ギチギチにつまっていたり
伸びてはみ出したり
していますが
先日はベッドの下に寝ていました
私も子どものころ
敷布団の下で寝るのが
好きだったので
猫も
こういうこと
するのか…
ちょっとシンパシーを
感じて嬉しかったです

おわかりいただけただろうか…

もっふもふ

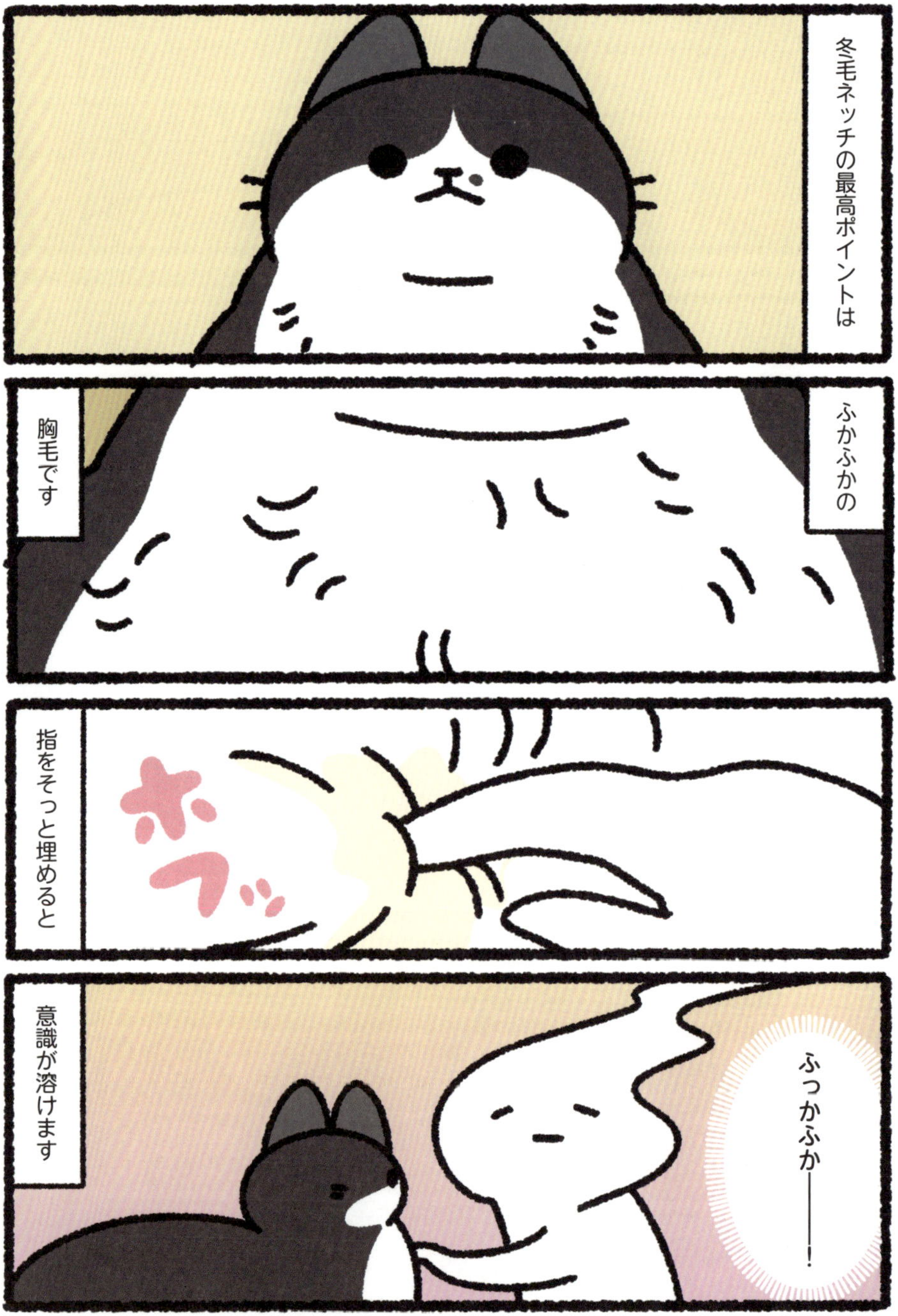

悪気はないんです

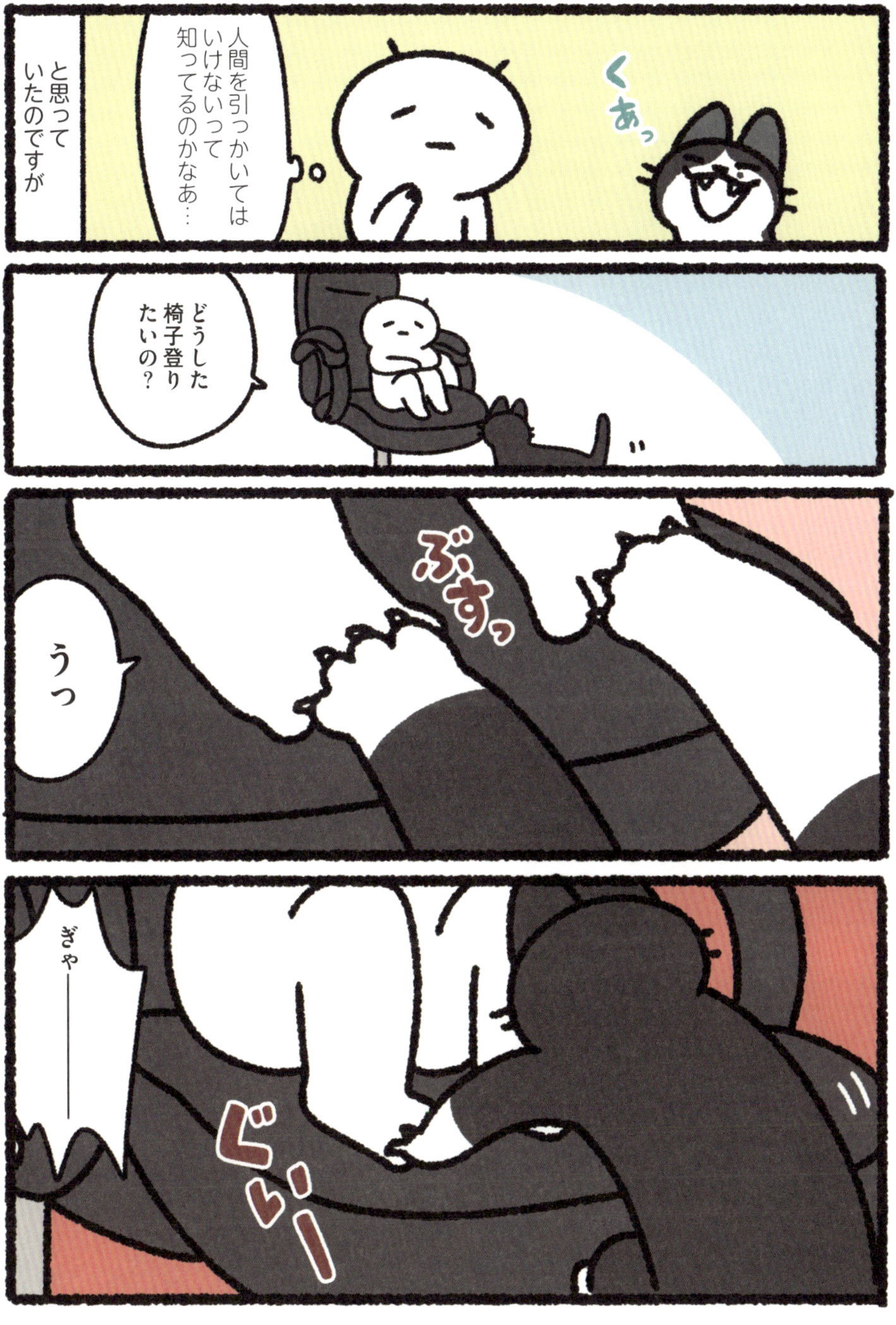

くあっ
人間を引っかいてはいけないって知ってるのかなあ…
と思っていたのですが
どうした椅子登りたいの？
ぶすっ
うっ
ぎゃ――
じぃー

ネッチ痛いよ！
足に爪をかけて登ったり
体の上に乗っている時に
爪を出して手を開いたり閉じたりします
ぐぐー
ぐぐー
痛い痛い…！
ツメキリ
ツメキリ
引っかき以外はノーカウントらしい…

スンッ…

ネッチが　こちらを　みている

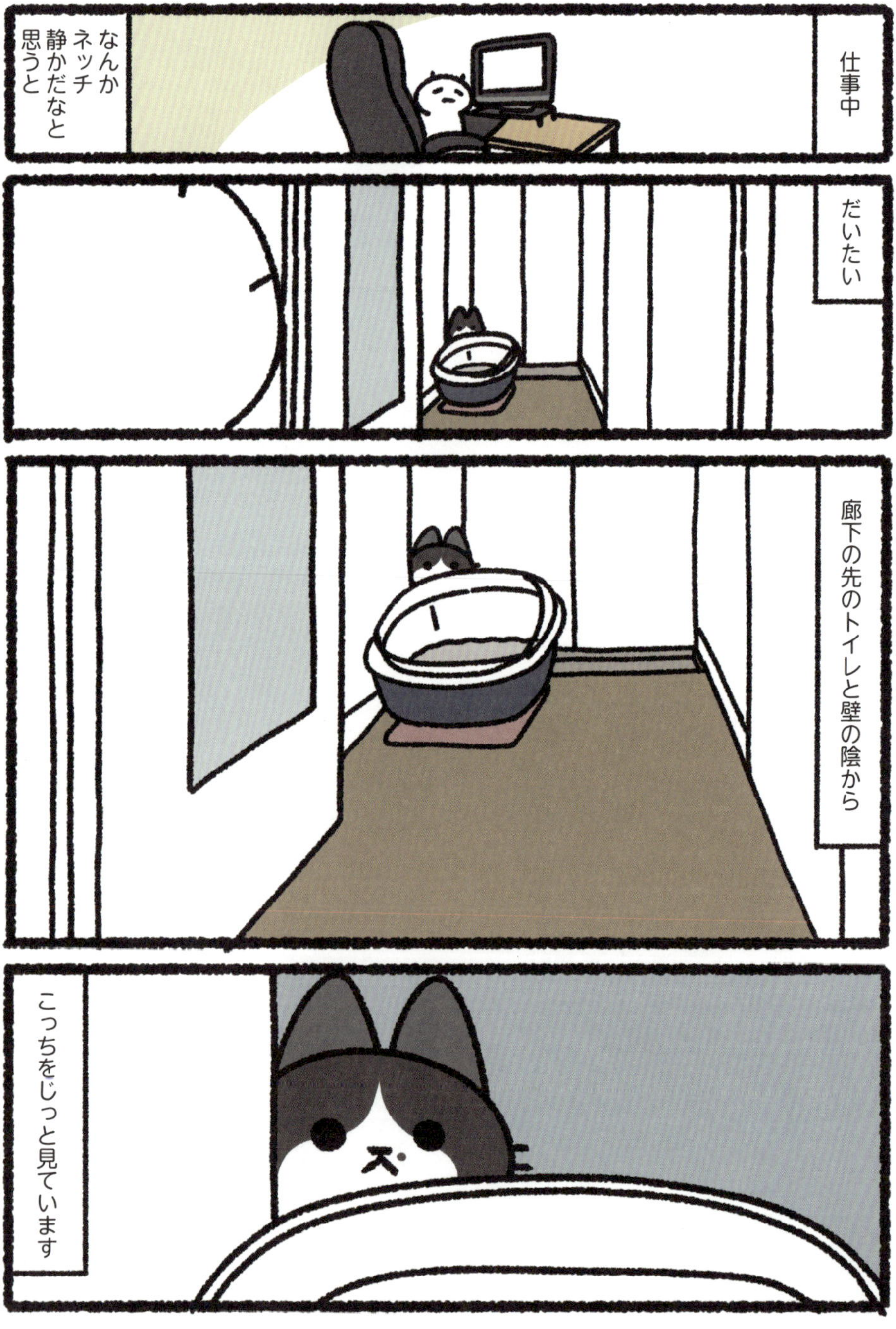

私がかけよると飛びでてきて
ネッチ――!
部屋の中のマットまで歩いて横たわるのですが
これ どういう考えなんだ…
ゴロロロロ
ゴロロロ
なぜ呼びかけずにただ見てるんだろう…
気になったので

ネッチと同じ場所から黙ってネッチを見つめてみました
おっ 気づいた
ふふふ
どうだネッチネッチの真似だぞ…

トトト
なんっ
私を迎えに来ました
ネッチ——！
ダッ
そうか迎えに来てくれって意味なのかー
理解してから
私もたまにするようになりました
冷静になると奇行だな…

ここにもネッチ

黒も白に、白も黒に

ネッチは白黒の猫なので
白いものにはネッチの黒い毛が目立ち
黒いものには白い毛が目立ちます
隙がないなあ

持ってきたのですが？

ネッチはボール投げが大好きです
なのでボールをくわえて持ってくると
おお〜
遊びたいのか？
と思い投げてあげるのですが
追いかける時と
シュッ
ドドドドドッ
シュッ

えっ…行かないの…
無反応な時があります
今の「猫が飼い主におもちゃや虫をプレゼントとして持ってくるやつ」だったらどうしよう…
いきなり目の前でプレゼント放り投げる怖い人だ…
あげる
いらん
ポイッ
いたたまれなくてボールを持ってきてしまった…
不安です

ここにいますよ

住んでるマンションでは定期的に消火器の点検があります
検査の方が部屋に来ている間はネッチをケージに入れています
いつも警戒して息を潜めているので
と思っていたのですが
ネッチ意外と人見知りなのか…

若い女性が検査にいらした時があり
じっ
サイン
お願いします
ウロ
ウロ
さわ
そわ
検査の方に構ってほしそうにしている…
ネッチ…お前ってやつは…
あまりに反応が違っておもしろかったです

出待ち

最初のころはトイレ中は気が散るかも…とか思い
近づかないようにしていたのですが
ゴソゴソ
トイレ掃除完了
なにも気にしていないなあ
ムムムムム…
今は安心して近くで見ています
ムム
ムム…

美味しいよね

ネッチのオヤツを用意していると
待ちきれず
私の足の甲に乗って立ち上がり急かしてきます
普段のご飯は黙々と食べることが多いのに
さわさわ
そわそわ
この熱量の違いたるや…
まあオヤツって美味しいよね…
猫も人間も同じだなあと思うのです

あったかい…

私は机の下に
ゲーム機を
置いています
ネッチはその裏のあたりで
寝るのが好きです
どうも周辺が温かい様子
ピッ
最近は起動音を聞くと
寄ってくるので
たぶん
暖房機だと思っています

やあ

ネッチが夜中にじっと
ベランダを見ていました
家のベランダは
高い壁と柵で
囲まれており
なにも置いていません
目に見えないものが
窓からのぞいている
のでは…
と不安になった
のですが

どうも窓に映った自分を凝視している様子
そういえば最初もマンションの入口でガラスに映った自分にちょっと驚いてた…
しばらくすると飽きたのか離れていきました
あまり鏡をわかってないような気がします
と思ってるだけで目に見えない存在がいたのかもしれません
ハ〜イ

優しい親分

洗面所にいると
ザー
ザー
ネッチがドアの外で鳴いていることがあります
ナーオ
アー
アー
ナー
マーオ
マウー
出るまで外で待っていたりもします
という話を友人にしたら
探検だ！
洗面所は未知の領域だから入ってみたいんだろうねえ

家に行った時に見てたけど
どっちかというと心配してるように見えたんだよねえ
ザー
ザー
アーオ
アウー
なんか水の音するぞ大丈夫か！
救助猫
開けろ！心配だぞ子分！
子分？
上
下
そう見えるそうです

忍者？

ネッチのお気に入りは黒いマットの上です
黒い服に乗り
そして黒い鞄に乗り
黒いノートPCに乗ります
保護色を好んでいるのだろうか…

ニャーン!!!

ネッチは鳴き声が大きく
マオウッ
ドッ
足音も大きいです
ズドドドドッ
体が大きいもんなあ
爪とぎの音も力強い
バリバリ
バリ

さらに
なんだ
この音
ブルル
ブルルン
首を振る音や
ブルン
ブルルル
馬からしか
聞かない音だ
ブルルッ
ブルル
ブル
ピチャ
ピチャ
なんだグビッ
って…
グビッ
グビッ

グビッ グビッ
グビッ グビッ
水を飲む音もなかなかで
え？これ水飲んでる音か！
猫ってこんな炎天下で水飲むみたいな音するものなの？
グビ グビッ
あっー
驚かされます
ザーッ ザーッ
1階でよかった…
あとカベが厚くてよかった…

芸術

逆刃刀でござる

ネッチが家に来たばかりのころ
ゴッ
ズリッ
なんか足に固いものが当たったぞ
あっ牙がちょっと出てる！
牙が長い猫はちょっと口からはみ出すことがあるそうです
おー初めて見た

しかしネッチは
なでなで
あー ここ触られるの嫌だったのか
カッ
噛みつこうとしても
ピタッ
ハムッ

くわえるだけで噛みません
スッ…
途中でやめた！
ネッチあなたすごいなあ！
遊んでる途中で興奮して噛みそうになっても
カッ
同じようにやめます
かわりになめることも
ペロペロ
そのように立派な牙を持っていながら使わぬとは…
ネッチ不殺侍よな…
抜かぬ…

もうちょっとだけ

おーネッチ
一緒に寝る?
ペロペロ
ミシャッ
ミシャッ
ミシャッ
ミシャッ
ヌチッ
ヌチッ
ヌチッ
ヌチッ
寝る前の
毛づくろい
終わらない…
ヌチッ
ヌチッ
ヌチッ
ヌチッ
ヌチッ
ヌチッ

やっぱこれだね

ゼェ
ゼェ
そんなになるほど楽しいの!?
でもこのボールぼろぼろになってきたなあ
…そうだ!
ネッチネッチー
ほら 同じやつ買ってきたぞ!
バラララッ
なんでー!
古いやつでばかり遊びます

チリン…チリン…

ネッチは音がするボールがお気に入りです
チリン
それをくわえると
チリン
チリン
物陰に入っていきます
チリン
チリン
よし ちょっと仕事するか〜

チリン…
物陰からずっとおもちゃの音が聞こえてくる…
チリン
チリン
そっとのぞいてみると
チリン
チリン
チリン
チリン
チリン
チリン

チリン
チリン
チリン
チリン
黙々とボールをいたぶっている…
チリン
チリン
チリン
チリ…
ボールの音が悲鳴みたいだ…
しばらくするとご機嫌そうに出てきます
アー
アー
そうして私の元に来て

ボールを落とします
チリッ…
なんだこれ…
獲物を物陰でしめた後にくれるってことか？
今日も
物陰からボールの悲鳴が聞こえます

これが好きなんか

ネッチを飼ったばかりのころ
ネッチともっと仲良くなりたい
猫同士はおでこをこすり合わせて愛情を示すらしい
スリッ
猫式におでこを合わせてみよう
スリ
スリッ
スリッ
スリッ

するとしばらくして
スリッ
ネッチからおでこをすり合わせてくれた！
気持ちが通じたんだ！
スリッ
スリッ

よく額をすり合わせてくれるようになったけど
なんか…
だいたいご飯の前の時間なんだよな…
もしかして私のこと「額すり合わせるの好き」なやつだと思って
喜ばせてご飯もらおうとしてるの…？
ネッチが話せたら真意を問いたいです
あなたは私からご飯をもらおうとしていますね？

修正案件

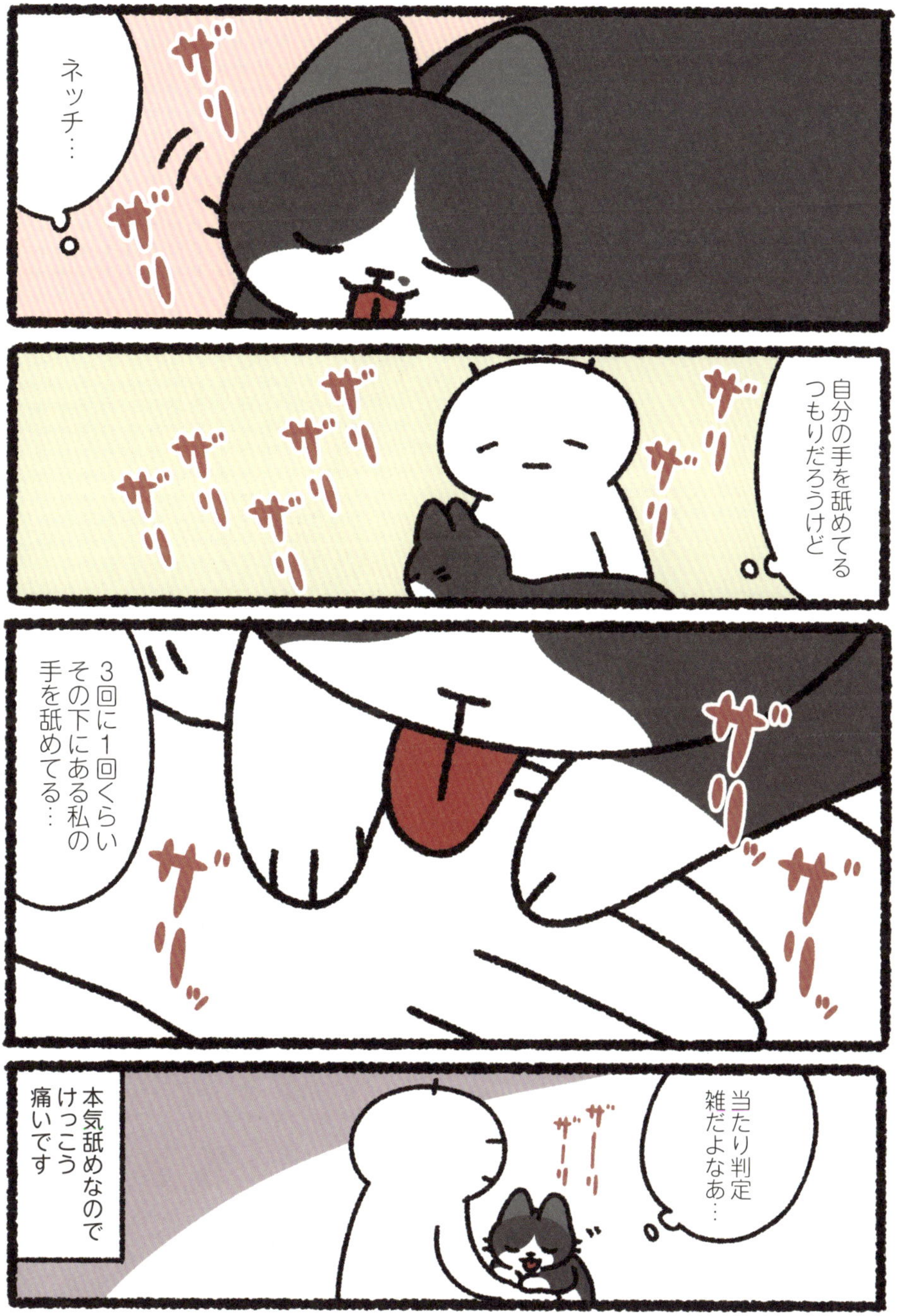
ネッチ…
ザリ
ザリ
自分の手を舐めてるつもりだろうけど
ザリ
ザリ
ザリ
ザリ
ザリ
ザリ
3回に1回くらいその下にある私の手を舐めてる…
ザリッ
ザリッ
ザリッ
当たり判定雑だよなあ…
ザーリ
ザーリ
本気舐めなのでけっこう痛いです

幸せそうだな…

ゴロロ…
ゴロロ…
私の上で丸くなる時なんか慈しみの顔をしてるんだよな…
嬉しいですが重くてちょっと辛いです

写真見せてください

ネッチを飼いだして
猫飼い始めたんですよね？
写真見せてくださいよー
いいんですか!?
この言葉がとても嬉しいです
なぜなら
ネッチが来てから写真を撮りまくっているのですが
画像フォルダがネッチでいっぱいだ！

人に見せる機会がありません
仕事でも人と会わないし…出不精だし…
もし人と会っても「見て！」とは言い出し辛い…
ネッチは私には世界一可愛いけど他の人にはどうかわからないし…
猫に興味ない人も嫌いな人もいるだろうし…
そこに
差し込む一筋の光
写真見せてくださいよー
パアアア…
凛々しいですね
皆さんいつもありがとうございます

相性抜群だね☆

ネッチはなんていいにおいがするんだろう…
スー… スー…
好きなにおいの相手とは相性がいいとか言うよね…
つまりネッチと私は相性がいいんだねえ
…今なかなか気持ち悪いこと思ったな
ニオイかいでくるんに
そんなこと言われたら
こわいよね…
ごめん…
たまに自己嫌悪に陥ります

結局…

たまに
猫を飼ってよかったなと思うことありますか？
と聞かれますが
おーどうしたのー
ニャー
以前より確実に
ネッチ なにしてんの
スー
椅子を離れる機会が増えたので
ネッチー
腰痛予防になってると思います
ネッチさーん
ス〜…

しかし
うっ…
のしっ
キャットタワーに登りたいの？
腰を痛める機会も増えたので相殺されてるかもしれません
みしっ

健康第一

天井まであるキャットタワーを買いました
ドーン
ネッチずっと棚の上とか高いところに行きたそうにしてたもんな
上に行きたい雰囲気
楽しんでくれえ
スルスル
スル〜

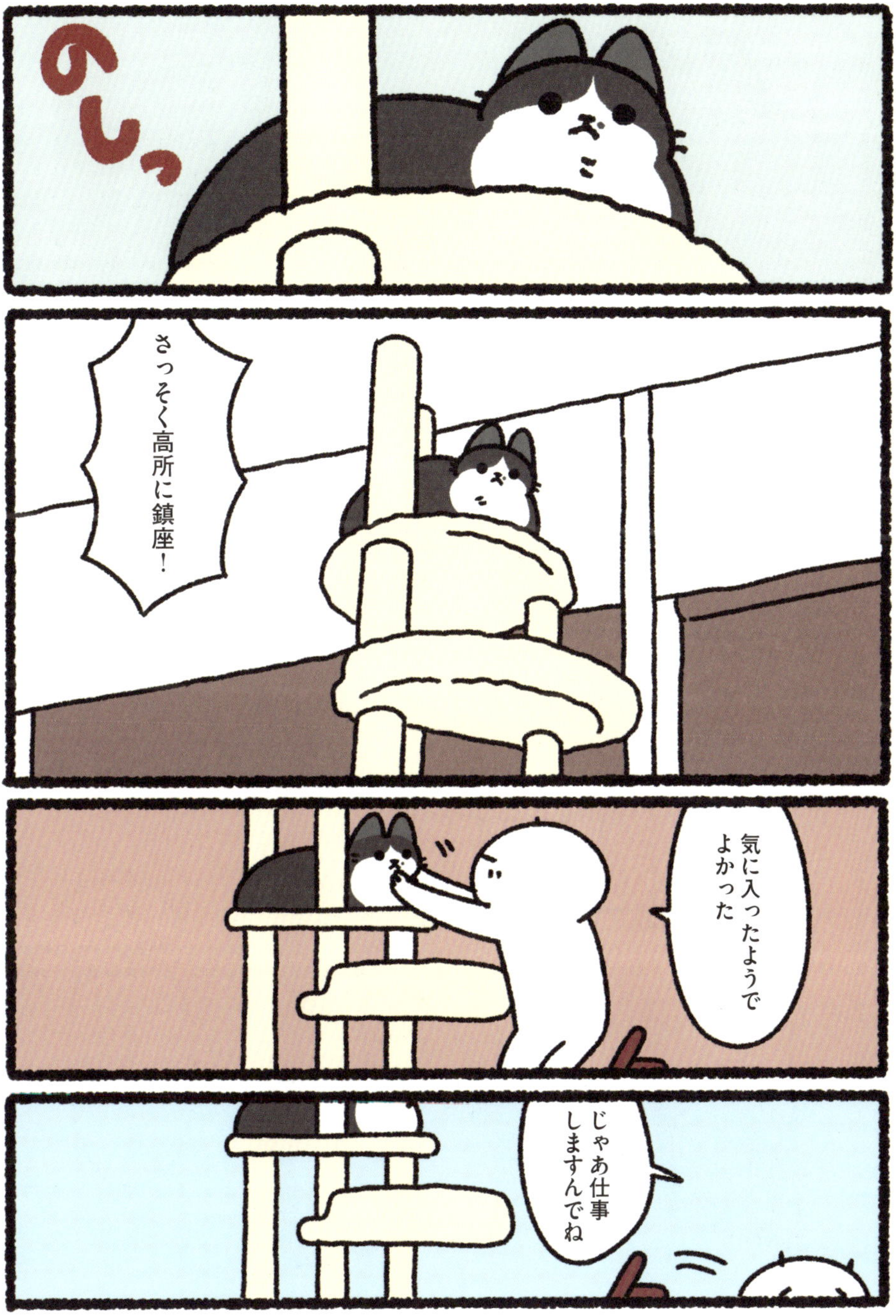
のしっ
さっそく高所に鎮座！
気に入ったようでよかった
じゃあ仕事しますんでね

ニャッ！
どしたどした～そこ楽しいのか～
なでてから仕事にもどる
ニャッ！

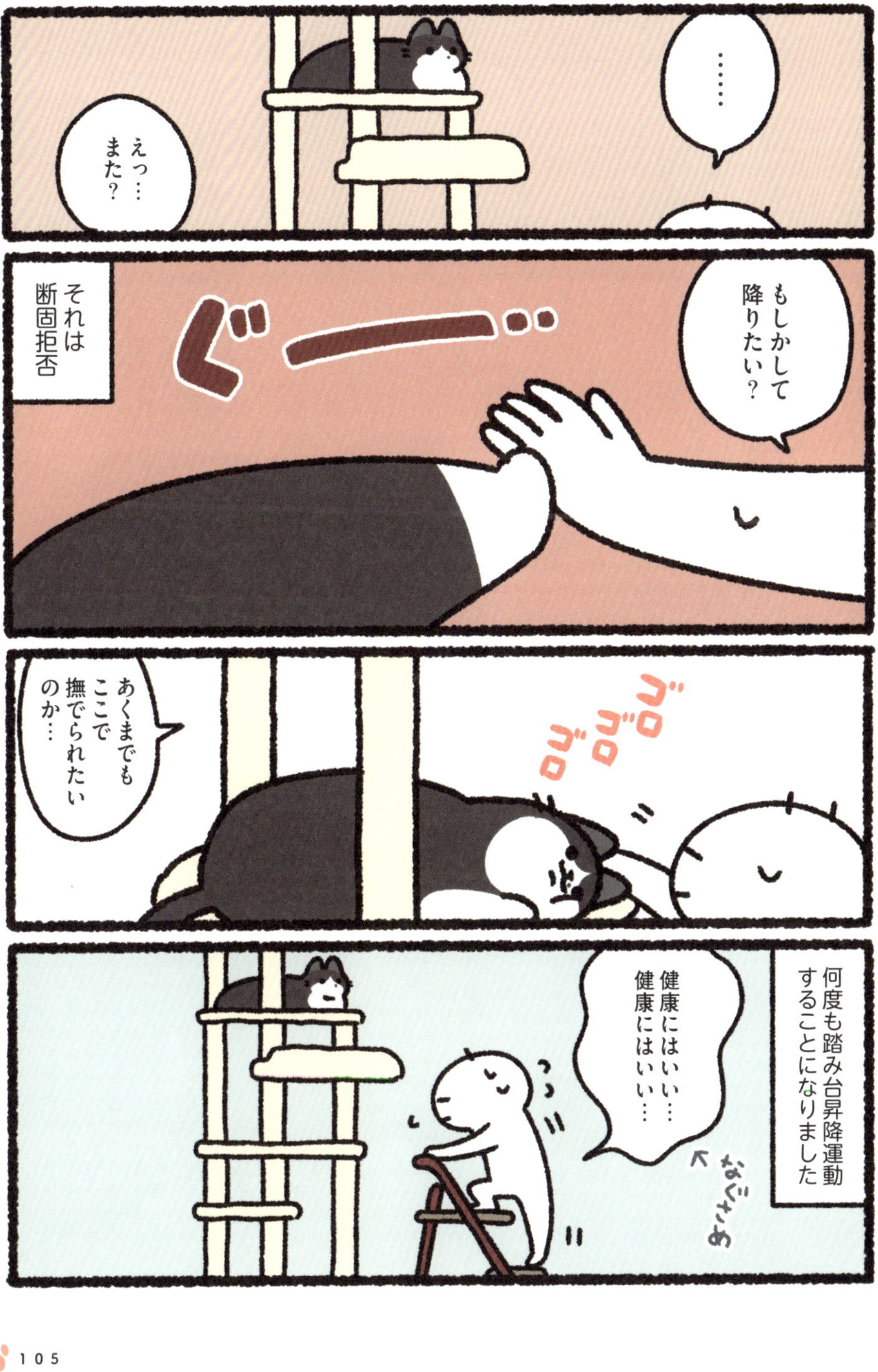
……
えっ…また？
もしかして降りたい？
ぐーー゛
それは断固拒否
ゴロゴロゴロ
あくまでもここで撫でられたいのか…
何度も踏み台昇降運動することになりました
健康にはいい…健康にはいい…
なぐさめ

ネッチぃ〜!!

うわああネッチ～ネッチが来てくれないよ～寂しいよ～うわ～
泣き真似をしたところ
ナンッ
えっ…
ススス
ス
ナー
ナー
心配そうに駆け寄ってきてくれました
ごめん…
申し訳なかったです…

段ボール猫

ネッチが気に入ってるししばらく置いとくか
大きめのこれはお気に入りみたいだな
こっちはギチギチにつまって楽しそう
その結果段ボールが捨てられず部屋にあふれました
ヒャンッ
うわ――猫あるあるだ！
今は容赦なく捨ててます
あまり気にしてなさそう

能力者かな…？

ちょっと暑いからね

寒くなるとネッチは布団の中で寝たがります
猫と一緒に寝られる日が来るとは…
幸せだなあ
ありがとうネッチ…
と思っていたのですが
ヒャンッ

どうした
ネッチ
？
どこ行くの？
ヒカンッ
ベッド？

どうやら布団で一緒に寝たい様子
寝るの？
トッ
仕事があるんだけど…
これを覚えてしまったのか
最近では頻繁に
布団で寝てほしいとアピールしてきます
仕事しなきゃいけないけどネッチが誘うから仕方ないよなあ
※言い訳です

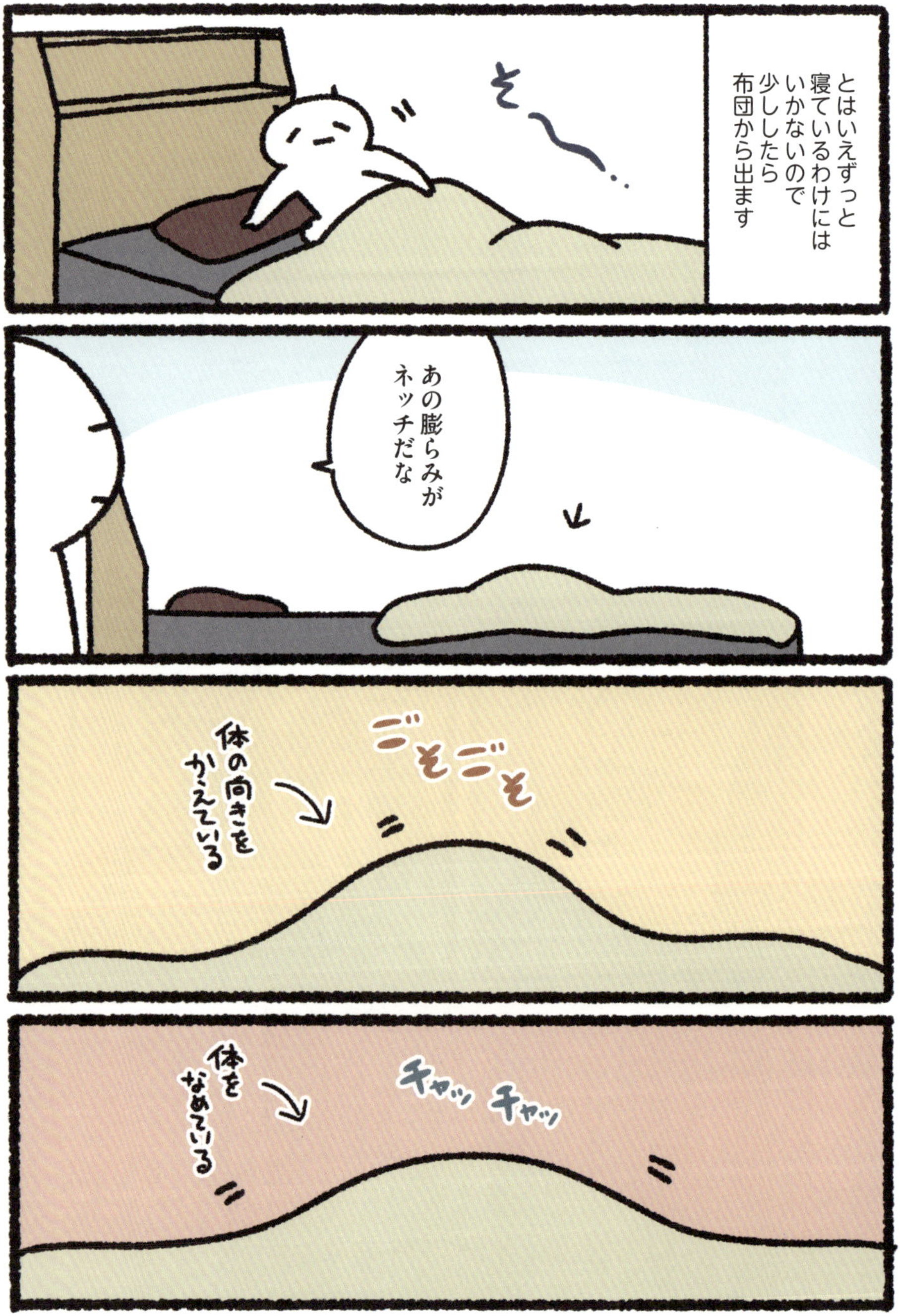
とはいえずっと寝ているわけにはいかないので少ししたら布団から出ます
そ〜…
あの膨らみがネッチだな
体の向きをかえている
ごそごそ
体をなめている
チャッ チャッ

布団越しでも
かわいさがわかる…
ほどなくして
見てみると
かわいいいいいい！
冬の楽しみです

ほら、仕事だぞ

ネッチにはいくつかよく遊ぶボールがあるのですが
いつも全部なくなってしまいます
また？
そんな時はだいたい
チェストの下にあります

※冬眠などで餌を隠す行為

何度も面倒だったので
きりがない…
隙間を塞ぐテープを購入
↑チェストの下に布をはる
これで安心
ネッチ 存分に遊ぶがいいぞ…
ドドド
と思っていたのですが
え⁉ またボールが1個もない…

まさか…
テープを外してみるとチェスト下にボールが入っていました
うわ——!
テープがあるのにパワーで押し込んだ様子
ボスッ
なぜそこまでしてボールを入れたいんだ…
今は諦めてボール取り係をやっています

ヒャンッ!

よくネッチの歌を歌います
世界で一番
かわいい猫は♪
ネッチ ネッチ
ネッチ～♪
ヒャンッ
合いの手入れてくれたの?
ありがとうぅ～
偶然だと思いますが最高の瞬間でした

ごゆっくりしてください

どうですかねぇ？

どうしても…？

ネッチは好き嫌いなくよく食べますが
ネットで評判のウェットフードをあげてみよう
くんくん
これについては「どうしてもこれを食べなくちゃだめですか」って顔をしました
ごめんごめんね！
合わないものはありますね…

知らない子

ある日 廊下から猫の声がした気がしてのぞくと
白い猫がいました
ペット可マンションだからどこかの部屋から出ちゃったのか…？
もしくは外から入ってきた？
なんかお皿置いてある…
誰か暑さを心配して水を出したのか…

あの佇まいは野良猫じゃなく外に出ちゃった家猫っぽいなあ…
初めて会った時のネッチと近いものを感じる…
警察に連絡して家で預かるか…ネッチ他に猫がいても大丈夫かなあ…
しばらく悩んでもう一度見てみるといなくなっており
後で外出時に近所を見てみよう
少ししてから人の声がしたので見てみると
よかった…！

どこにもいかないで

ある日ふと気づくと
なんか静かだな
ネッチー
ネッチ？
おーい ネッチー
部屋中探してもどこにもいません
入れない洗面所とか台所も探したけどいない…

どうしよう本当にいない…
まさか部屋に私の気づいてない穴があって入り込んで出られなくなった？
ん？
ネッチ——
返事して——！
半開きの引き出しで寝ていました

ネッチとの出会い①

数年前の11月の夜
夕飯買いに行くかあ
外に出ると
アー
アォーナーォ
でかい声の猫がいるな…
目が合った
ターーーッ
えっ

人懐っこい！
スリスリ
スリスリ
ここまで寄ってくるのは初めてだなあ
膝に乗るの⁉
のりっ
いきなりどうした！
ごめん今から買い物行くもんでね…
付いてきた！
スッ

この感じ…人馴れした地域猫ともちょっと違うなあ…
これは迷い猫というやつではないか…？
脱走しちゃった飼い猫っぽい…だとしたら保護した方がいいのか…いやでもただ飼い猫が散歩してるだけだったら？そもそも猫をどうやって捕まえる？
と思ってるうちに立ち止まり
買い物から戻るといなかったので家に帰れたんだと思っていたら
翌朝

近所の家の玄関前で転がっていました
また目が合ったら寄ってきた
ナーッ
この家の猫なのか？
スリスリ
しかし迷い猫の疑いも晴れず
ちょっと助けてほしいのですが…
ヘルプを要請し

その日の夜に再び近所に様子を見に行くと
ヘルプ
道路脇の茂みで人と一緒にいました
やはりすごく人懐っこいな…
かわいいい――
人が離れていっても

ずっと後を追っていくのです
この茂みの横はかなりの交通量がある道路で
←大きな道路
住宅街→
こうやって人に付いていったらそのうち道路に出てしまうのでは…
あまりにも危ない…ともかく一回保護しよう…
人が離れたタイミングで呼びました
チチチ…
スターッ
これがネッチと私の出会いです

ネッチとの出会い②

ネッチを自宅に保護した翌朝
まず警察に連絡しよう保健所でなく自宅で保護するように手続き
それから保健所
ネコを…
愛護センターにも連絡
保護しましてー…
迷子猫情報をサイトに登録
わかりやすい写真とるのむずかしいな…
猫を探してる人がいないかＳＮＳでも探そう
動物病院を予約
ありがとうインターネット！
ネットで調べたことに助けられました

ネッチを部屋に保護した夜
ノミとかいたらいけないから今夜は廊下にいてもらおう…
アー
アー
アー＊
アーー
アー＊
アー
アー
根負けし部屋に入れてしまいました
…まあ冬だし大丈夫かな
え———

そこなのか！
ベッドで寝ることを知ってる…これは人間と暮らしてた猫だ…
もそ
もそ…
その日は仕方なく床で寝ることに

朝起きると
うわ――
あまりにも警戒心なさすぎないか…
外には向かないな…
保護してよかったと思いました

ネッチとの出会い③

ネッチを保護した翌日動物病院に行きました
すぐ予約取れてよかった
重い…
診察室で先生が
あっ もしかしておっきい？
はいけっこう…
うっわ―――おっきいなあ！
なんか嬉しくなりました

体調はとくに問題なさそうですね
マイクロチップも入ってます
よかった…飼い主さん見つかるな
あ…
飼い主登録されてませんね
こういうことたまにあるんですよね…
そうなんですか…
引っ越しで置いていっちゃう人もいますからね…
と先生はおっしゃっていましたが
私はなんやかんやすぐ飼い主さんから連絡あるだろうと思っていました

この猫かわいいし
なんかいいやつだから
誰かが置いていくとか
ないだろう!
と思っていたのです
いいやつオーラ
飼い主さんから連絡が来て
迎えに来るんだろうな…
玄関の掃除
しとくか…
よかったー
うまく挨拶
できるかな…
と思ってる
うちに1週間
バリバリ
1ヶ月
2ヶ月
3ヶ月経って
しまいました
飼い主が
見つからない
3ヶ月経つと
保護している猫の
所有権を取得
できます

もしかして飼い主さんは何か事情があるのかもしれない…
迷子猫サイトでは色んな事情で猫を探してる人がいたもんな…
仲が悪い家族や近所の人に遠くに持っていかれたり
高齢の飼い主さんが体調を悪くして探せないでいるのかも…
事故に巻き込まれたのかもなあ…
未だにネッチがどこからどうして来たのかはわかりません

今でもたまに
ネッチ…
ずっと外見てる…
元の家に戻りたいなーとか思ったりするのかなあ…
ネッチが話せたらなあと思います

あとがき

はじめまして
ぱんだにあと
申します
『あっちこっち
ネッチ!』を
読んでくださり
ありがとう
ございます
ネッチは今
私の机の上で
こんな感じで
寝ています
私は作業しながら
たまにネッチを
見たり吸ったり
しています
マンガにすることで
改めてネッチのことを
知ったような
気がしています
イスの上で
丸くなり
すごい目で
みてくる
ネッチ
またどこかで
お会いできると
嬉しいです

あっち こっち ネッチ!

2025年2月26日　初版発行

著者／ぱんだにあ

発行者／山下 直久

発行／株式会社KADOKAWA
〒102-8177　東京都千代田区富士見2-13-3
電話0570-002-301（ナビダイヤル）

印刷所／TOPPANクロレ株式会社

●お問い合わせ
https://www.kadokawa.co.jp/（「お問い合わせ」へお進みください）
※内容によっては、お答えできない場合があります。
※サポートは日本国内のみとさせていただきます。
※Japanese text only

定価はカバーに表示してあります。

ISBN 978-4-04-684453-8　C0095